Aus Einzelteilen ein großes Ganzes schaffen, aus einem Basis-Modul verschiedene Formen gestalten, flaches Papier durch Falten und Kleben zu einem Körper zusammenfügen – all das macht den Aurelio-Stern so faszinierend.

Dieser Faltstern wird Origami-Fans genauso begeistern wie alle, die stimmungsvolle Weihnachtsdeko lieben. Das Zusammenbauen des Sterns ist nämlich genauso spannend wie das Ergebnis schön ist. Ob ganz groß oder ganz klein, mit mehr oder weniger Zacken, in Bunt, Gold oder Weiß: Ein Aurelio-Stern ist immer ein toller Blickfang.

Viel Spaß beim Falten und Dekorieren wünscht Ihnen

Einfache Aurelio-Sterne

in dekorativen Blautönen

MOTIVDURCHMESSER
ca. 14 cm

MATERIAL
* 8 Blatt gemustertes Papier in Blau, 10 cm x 10 cm

1 Die Module wie auf den Umschlagseiten beschrieben falten. Dabei auch den Abschnitt „Module aus festerem Papier kleben" berücksichtigen.

2 Zwei Module zusammenstecken. Zwei weitere Module ergänzen, sodass ein vierzackiger Stern entsteht. Noch einen weiteren vierzackigen Stern fertigen.

2a

2b

3 Beide Sterne Rücken an Rücken aufeinanderkleben. Etwas aufwändiger ist es, wenn die Klebedreiecke um den Zackenrand herumgezogen und in den Schlitz des Zackens des zweiten Sterns gesteckt und geklebt werden.

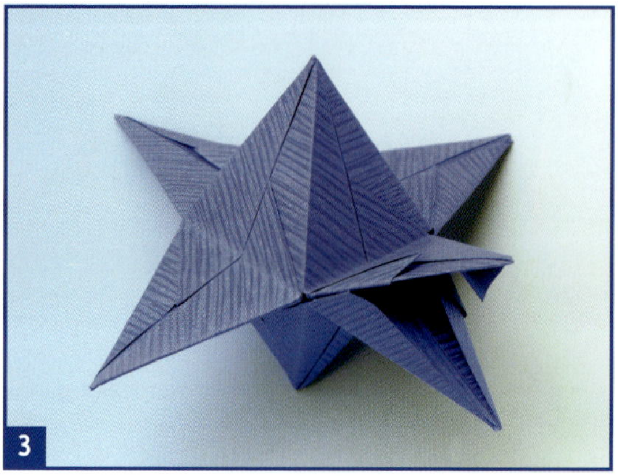
3

4 Alternativ können die beiden Sterne auch versetzt aufeinandergeklebt werden. Dazu die Sterne zuerst mit Klammern in die richtige Position bringen, wie im Arbeitsschrittbild 4 auf Seite 5 zu sehen. Zwei Klammern entfernen, einen Zacken hochklappen, Klebstoff auftragen und wieder mit Klammern sichern. Mit den anderen Zacken ebenso verfahren.

Flacher Aurelio-Stern

Prachtstück in Pink und Violett

MOTIVDURCHMESSER
ca. 26 cm

MATERIAL
* je 12 Blatt Origamipapier in Pink, 15 cm x 15 cm, und in Violett, 10 cm x 10 cm

1 Die jeweils 12 pinkfarbenen und violetten Module nach der Anleitung auf den Umschlagseiten falten. Aus den pinkfarbenen Modulen zwei sechszackige Sterne kleben.

2 Die violetten Module auf die Zacken kleben.

3 Die Sterne umdrehen und die abstehenden Dreiecke auf den Zackenrückseiten mit Klebstoff und Klammern fixieren.

4 Die beiden sechszackigen Sterne versetzt aufeinanderlegen und mit Klammern fixieren, wenn die richtige Position gefunden ist. Nun zwei Klammern entfernen, den Zacken hochklappen, Klebstoff auftragen, den Zacken zurückklappen und wieder mit Klammern sichern.

5 Alternativ können die beiden Sterne mit den Zacken aufeinandergeklebt werden, sodass ein sechszackiger Stern entsteht.

1a

1b

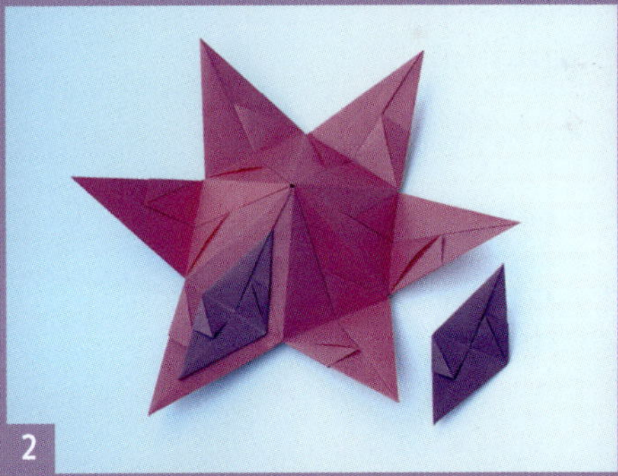
2

3

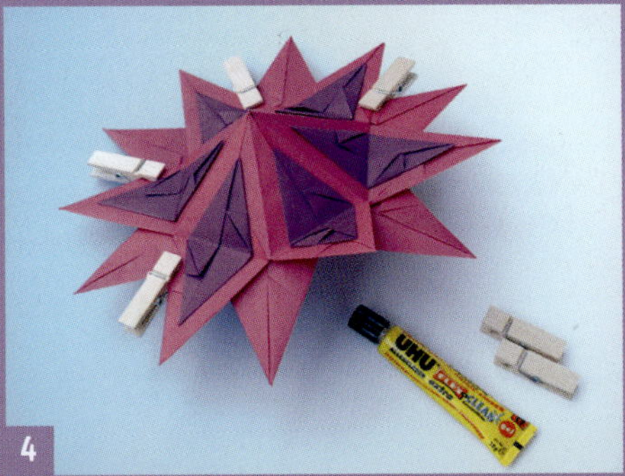

4

Kleine Aurelio-Sterne

zauberhafte Kostbarkeiten in Lilatönen

MOTIVDURCHMESSER
ca. 17 cm bis 20 cm

MATERIAL

STERN IN FLIEDER UND SILBER
* je 6 Blatt gemustertes Papier in Flieder und Silber, 15 cm x 15 cm

STERN IN ROSA
* 12 Blatt Origamipapier in Rosa, 15 cm x 15 cm
* selbstklebende Sterne in Silber

STERN IN VIOLETT
* 12 Blatt gemustertes Papier in Violett, 12 cm x 12 cm

1 Die Module wie auf den Umschlagseiten beschrieben falten. Für die Sterne in Violett sowie in Flieder und Silber auch den Abschnitt „Module aus festerem Papier kleben" berücksichtigen.

2 Drei Module zusammenkleben.

2

3 Das vierte Modul einfügen und am besten mit Klammern sichern.

3a

3b

4 Die Form zu einem Viererstern falten.

4

5 Seitlich ein Modul ankleben und drei weitere Module ergänzen.

5a

5b

Weiter geht es auf Seite 8

6 Die Windmühlenform wenden. Einen Seitenflügel nach innen klappen, zu einem Zacken kleben und mit einer Klammer fixieren. Die drei anderen Zacken ebenso arbeiten.

6

7 An einem Zacken eines der Module ankleben. Die restlichen drei Module ergänzen.

7a

7b

8 Ein seitlich angeklebtes Modul am benachbarten Zacken ankleben und mit einer Klammer fixieren. Mit den anderen drei Modulen wiederholen.

8

9 Die Klammern abnehmen, die vier Seiten zur Mitte führen und vier Zacken kleben.

9a

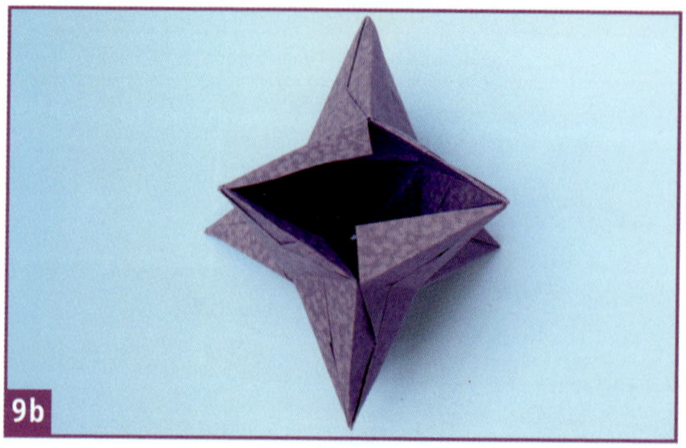
9b

Großer Aurelio-Stern

in Gelb, Orange und Rot

MOTIVDURCHMESSER
ca. 20 cm

MATERIAL
* je 10 Blatt Origamipapier in Gelb, Orange und Rot, 15 cm x 15 cm

Um den systematischen Aufbau des Sterns zu verdeutlichen, wird er hier in sechs Modulringen dargestellt. Immer fünf Module bilden einen Ring.

Hinweis: Sie können den Stern auch Zacken für Zacken arbeiten. Einen Zacken aus drei Modulen fertigen, zwei weitere Module anfügen und so den zweiten Zacken fertigen. Weitere drei Zacken anfügen, sodass eine Rosette aus fünf Zacken entsteht. Fortfahren, bis alle Module aufgebraucht sind. Es sollten dann, egal wie der Stern gedreht wird, immer Rosetten aus fünf Zacken zu sehen sein.

Erster Modulring in Gelb

1 Eines der Klebedreiecke des ersten Moduls aufklappen, mit Klebstoff bestreichen und in einen der Schlitze des zweiten Moduls stecken.

1

2 Das dritte Modul einstecken, sodass es den Zwischenraum zwischen den beiden Zacken füllt.

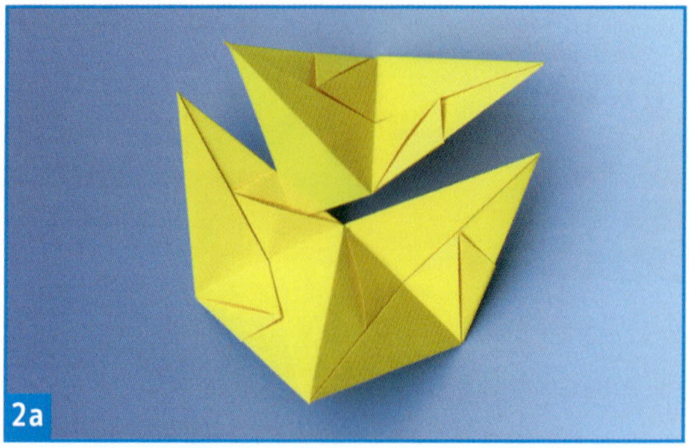
2a

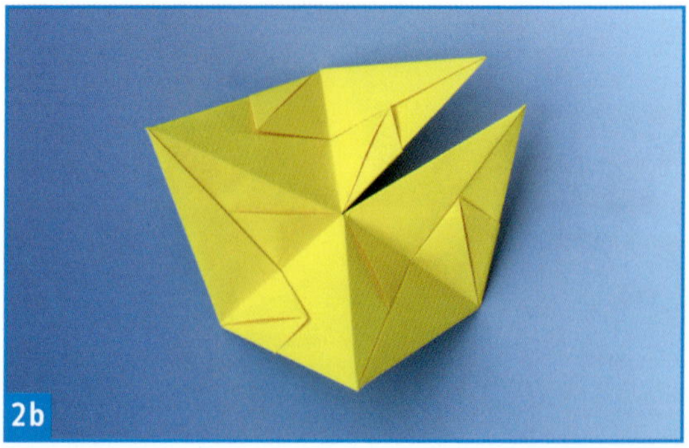
2b

3 Das vierte Modul auf gleiche Weise ergänzen.

3

4 Schließlich das fünfte Modul einstecken, sodass eine geschlossene Sternform entsteht.

4a

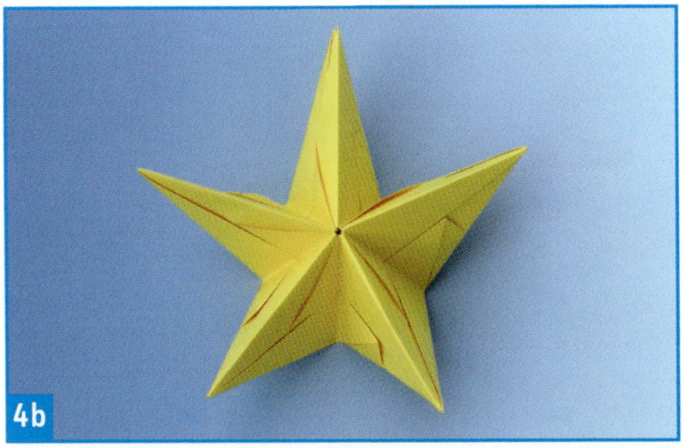

4b

Zweiter Modulring in Orange

1 Beim ersten orangefarbenen Modul des zweiten Rings das Klebedreieck aufklappen, auf der Rückseite mit Klebstoff bestreichen und in den Schlitz eines gelben Moduls des ersten Rings stecken.

1

2 Ein zweites Modul ebenso befestigen.

2

3 Die anderen Module anbringen.

3

4 Die windmühlenartige Form wenden.

4

5 Ein gelbes Klebedreieck des ersten Modulrings aufklappen und mit Klebstoff bestreichen. Das gegenüberliegende orangefarbene Modul umklappen und das gelbe Klebedreieck in den Schlitz dieses Moduls stecken. Der erste Zacken ist nun fertig. Um die restlichen vier Zacken zu bilden, die Schritte viermal wiederholen.

5a

5b

6 So sieht die Rückseite aus.

6

Dritter Modulring in Rot

1 Das Klebedreieck des ersten roten Moduls aufklappen, auf der Rückseite mit Klebstoff bestreichen und in den Schlitz eines orangefarbenen Moduls des zweiten Rings stecken.

1

2 Vier weitere rote Module ebenso befestigen.

2

3 So sieht die entstandene Form auf der Rückseite aus. Zum Weiterarbeiten wieder wenden.

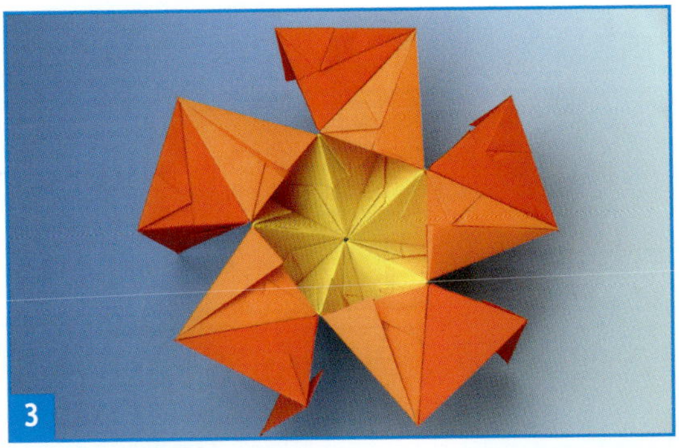

3

Vierter Modulring in Rot

1 Das Klebedreieck der ersten Moduls des vierten Rings in den Schlitz eines roten Moduls des dritten Rings stecken.

1

2 Die Form wenden und das Klebedreieck des orangefarbenen Moduls des zweiten Rings in den Schlitz des zuletzt angeklebten roten Moduls stecken. So entsteht der sechste Zacken (auf der Abbildung 2 oben in der Mitte).

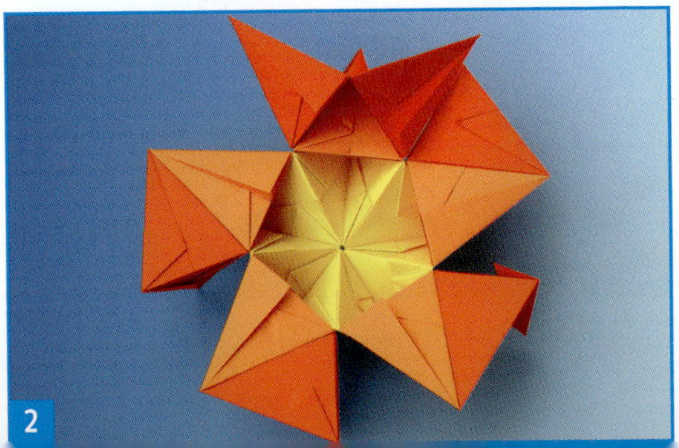

2

3 Ringsum an den restlichen vier roten Modulen des dritten Rings jeweils ein weiteres rotes Modul ankleben. Wie in Schritt 2 beschrieben vier weitere Zacken zusammenstecken. Jetzt hat der Stern bereits zehn plastische Zacken.

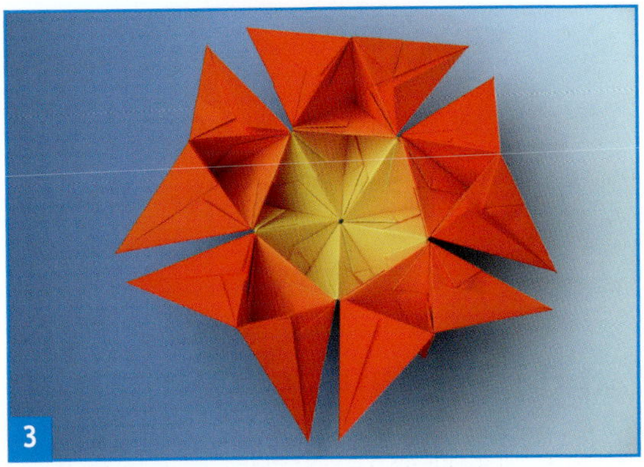

3

4 Zwei nebeneinanderliegende rote Dreiecke zusammenstecken und -kleben.

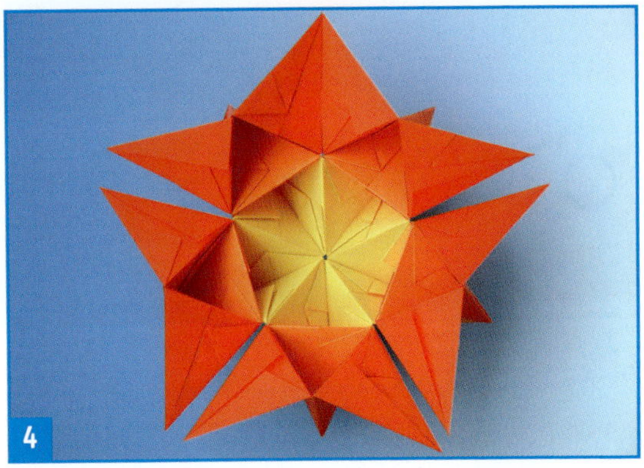

4

Hinweis: Alternativ können auch alle Module des vierten Rings auf einmal angeklebt und erst dann die Zacken zusammengesteckt werden (siehe Anleitung auf DVD).

Weiter geht es auf Seite 14

5 Den Vorgang ringsum wiederholen.

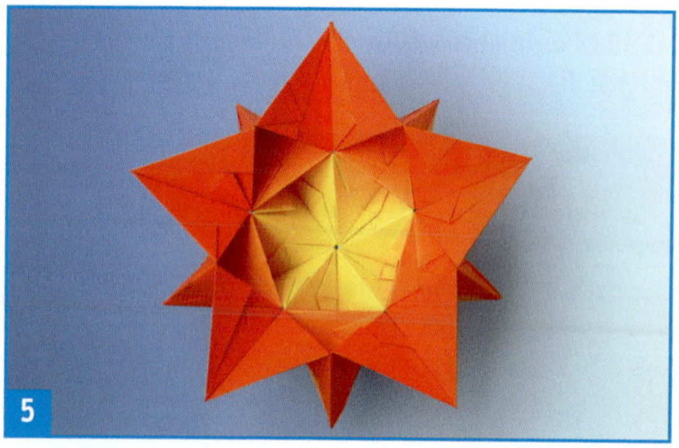

5

Fünfter Modulring in Orange

1 Das Klebedreieck des ersten orangefarbenen Moduls in den Schlitz eines roten Moduls des vierten Rings stecken.

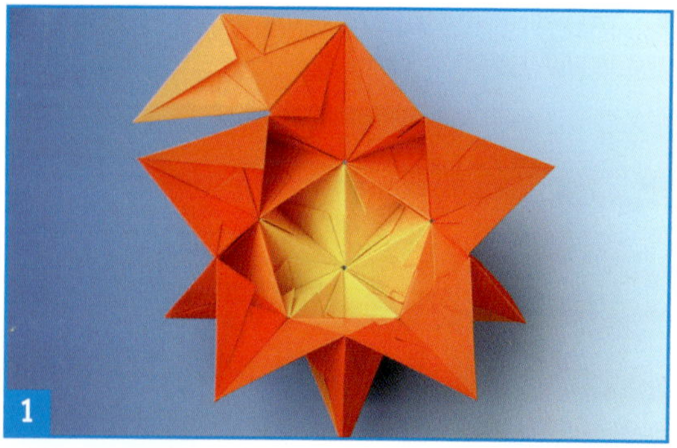

1

2 Die restlichen vier orangefarbenen Module ebenso anbringen.

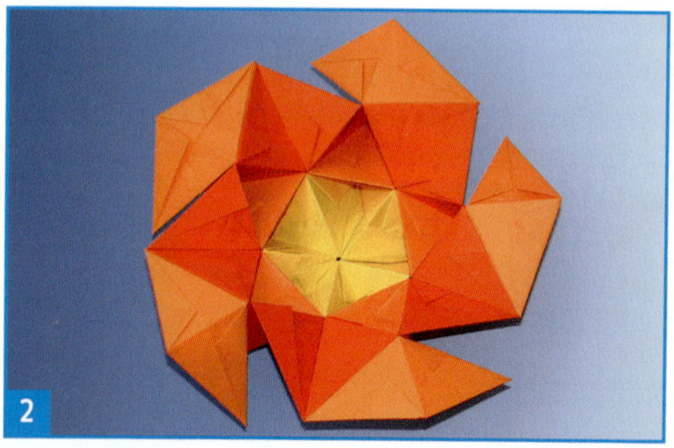

2

3 Das auf der Abbildung oberste orangefarbene Modul von links nach rechts über die aus zwei roten Modulen bestehende breite Spitze klappen und einen Zacken, den elften Zacken, fertigen.

3

4 Ringsum mit den restlichen vier orangefarbenen Modulen ebenso verfahren, bis insgesamt fünfzehn Zacken fertig sind.

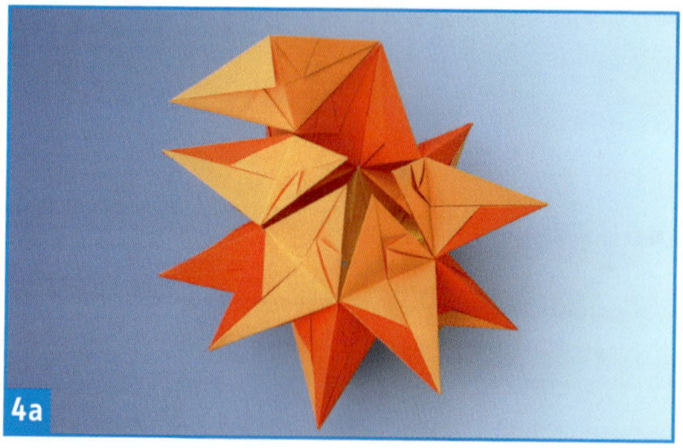

4a

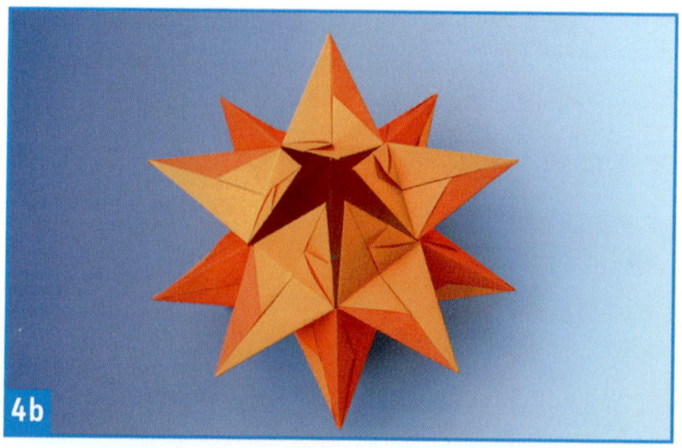

4b

Sechster Modulring in Gelb

1 Das Klebedreieck des ersten gelben Moduls in einen Schlitz des fünften Rings einstecken.

1

2 Die restlichen Module ebenso anbringen.

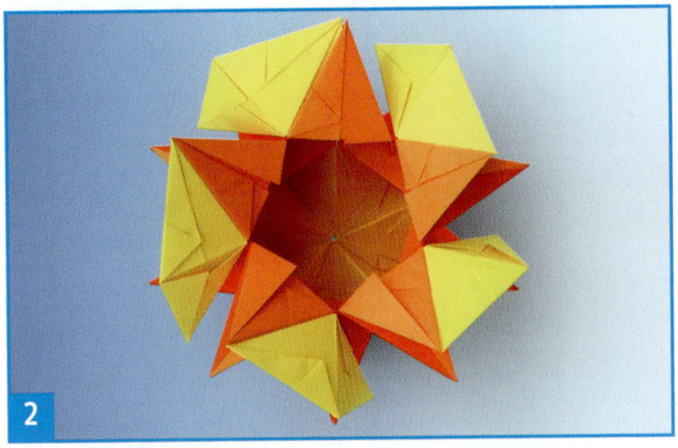

2

3 Vom fünften Ring ein orangefarbenes Klebedreieck in den Schlitz des benachbarten gelben Moduls stecken. Ringsum viermal wiederholen. An der Oberseite entsteht so eine Öffnung in Form eines Sterns.

3

4 Die Klebedreiecke der gelben Module aufklappen.

4

5 Die Klebedreiecke jeweils in die Schlitze der benachbarten gelben Module stecken. Unbedingt darauf achten, dass die noch freien Klebedreiecke immer nach oben zeigen, denn sobald die Öffnung geschlossen wird, können sie nicht mehr aufgeklappt werden. Bevor der letzte Zacken, der zwanzigste Zacken, geklebt wird, noch den Aufhängefaden anbringen.

5a

5b

Das Silberdekor verleiht dem orientalischen Stern seine besondere Faszination.

Orientalischer Stern

mit Silberdekor

MOTIVDURCHMESSER
ca. 32 cm

MATERIAL

* 30 Blatt Batikpapier in Orange mit Silberdekor, 20 cm x 20 cm

Den Stern wie in der Beschreibung des Aurelio-Sterns auf Seite 9-15 arbeiten. Den Abschnitt „Module aus festerem Papier kleben“ auf den Umschlagseiten berücksichtigen.

Mein Tipp für Sie

Farbvariation Sie können den Stern auch einfarbig – z.B. in Ihrer Lieblingsfarbe – gestalten. Der Fantasie sind hier keine Grenzen gesetzt. Weitere edle Muster finden Sie auch auf den folgenden Seiten.

Große Leuchtsterne

weihnachtlicher Lichterzauber

MOTIVDURCHMESSER
ca. 45 cm

MATERIAL

ROTER AURELIO-STERN MIT WEISSEN RAUTEN

* 30 Blatt Origami-Lampenpapier in Rot, 30 cm x 30 cm
* 30 Blatt Origami-Lampenpapier in Weiß, 17 cm x 17 cm
* selbstklebende Sterne in Gold, ø 0,4-2,2 cm
* Lampeninstallation oder Lichterkette
* Fotokleber

ROTER AURELIO-STERN

* 30 Blatt Lampenpapier in Rot, 30 cm x 30 cm
* Lampeninstallation oder Lichterkette
* Fotokleber

1 Die Sterne wie in der Anleitung für den Aurelio-Stern auf Seite 9-15 beschrieben fertigen. Beim weiß-roten Stern die weißen Rauten, die nach der Grundanleitung auf den Umschlagseiten gefaltet werden, und die Sterne aufkleben.

2 Die Lampenfassung wie auf Seite 20/21 beschrieben einfügen. Alternativ kann auch eine Lichterkette den Stern beleuchten.

Zauberhafte Lichterkette

mit Sternen aus 30 Modulen

MOTIVDURCH-MESSER
ca. 11 cm

MATERIAL PRO STERN

* 30 Blatt Lampenpapier in Weiß, 8,5 cm x 8,5 cm (17 cm x 17 cm, geviertelt)
* Fotokleber

ZUSÄTZLICH

* Lichterkette

1 Die Sterne wie in der Arbeitsanleitung für den Aurelio-Stern auf Seite 9-15 beschrieben zusammensetzen. Beim sechsten Modulring nur vier Module ankleben und den Stern soweit fertigstellen, dass nur noch das letzte Modul eingefügt werden muss.

1

2 Das letzte Modul einfügen und zunächst nur mit zwei Klebedreiecken befestigen. Eine Fassung der Lichterkette einlegen.

3 Die beiden anderen Klebedreiecke einstecken oder mit Fotokleber von außen, ohne sie in die Schlitze zu stecken, fixieren.

Diese Sterne sehen durch das Sterndekor und die goldene Marmorierung besonders edel aus.

Weiße Sterne

edel und vornehm

MOTIVDURCHMESSER
ca. 16 cm bis 25 cm

MATERIAL

A GROSSER STERN MIT STERNDEKOR
* 30 Blatt Tonpapier in Weiß mit Sterndekor, 20 cm x 20 cm

B MITTLERER STERN MIT STERNDEKOR
* 30 Blatt Tonpapier in Weiß mit Sterndekor, 15 cm x 15 cm

C STERN IN WEISS-GOLD MARMORIERT
* 30 Blatt Origamipapier in Weiß-Gold marmoriert, 15 cm x 15 cm

D KLEINER STERN MIT STERNDEKOR
* 10 Blatt Tonpapier in Weiß mit Sterndekor, 10 cm x 10 cm

A B C Die Sterne wie in der Anleitung für den Aurelio-Stern auf Seite 9-15 beschrieben fertigen. Für die Modelle mit Sterndekor den Abschnitt „Module aus festerem Papier kleben“ auf den Umschlagseiten berücksichtigen.

D Zwei Sterne mit je fünf Modulen nach der Anleitung für den flachen Aurelio-Stern auf Seite 4/5 fertigen und versetzt aufeinanderkleben. Dabei den Abschnitt „Module aus festerem Papier kleben“ auf den Umschlagseiten berücksichtigen.

Mein Tipp für Sie

Groß oder Klein Mit dem weiß-goldenen Sternenpapier lassen sich nicht nur große Sterne falten. Auch kleine Sterne sehen sehr edel aus und lassen sich zudem sehr gut auf dem Tisch dekorieren.

Lila und Pink

Sterne in trendigen Farben

MOTIVDURCHMESSER
ca. 16 cm bis 22 cm

MATERIAL

A STERN IN LILA UND PINK
* 20 Blatt Origamipapier in Lila, 10 cm x 10 cm
* 10 Blatt Origamipapier in Pink, 10 cm x 10 cm

B STERN IN FLIEDER
* 30 Blatt Origamipapier in Flieder, 20 cm x 20 cm
* Tonpapierrest in Lila
* Motivlocher: Stern (ø 3,5 cm)

C STERN IN PINK MIT AUFGEKLEBTEN STERNEN
* 10 Blatt Origamipapier in Pink, 10 cm x 10 cm
* 30 selbstklebende Sterne in Silber, ø 9 mm

D STERN IN PINK MIT ROSAFARBENEN RAUTEN
* 8 Blatt Origamipapier in Pink, 15 cm x 15 cm
* 8 Blatt Origamipapier in Rosa, 10 cm x 10 cm

E STERN IN LILA UND FLIEDER
* je 6 Blatt Origamipapier in Lila und Flieder, 10 cm x 10 cm

A Den Stern wie in der Anleitung für den Aurelio-Stern auf Seite 9-15 beschrieben fertigen. Die Modulringe eins und zwei in Lila, die Ringe drei und vier in Pink und die Ringe fünf und sechs in Lila arbeiten.

B Den Stern wie in der Anleitung für den Aurelio-Stern auf Seite 9-15 beschrieben fertigen. 60 Sterne ausstanzen und aufkleben.

C Zwei Sterne aus je fünf Modulen nach der Anleitung für den flachen Aurelio-Stern auf Seite 4/5 fertigen und die Zacken aufeinanderkleben. Kleine Sterne aufkleben.

D Der Anleitung für den einfachen Aurelio-Stern auf Seite 2/3 folgend aus je vier Modulen zwei Sterne fertigen. Aus dem rosafarbenen Papier Module falten und diese mittig auf die Zacken kleben. Nun die beiden Sterne versetzt aufeinanderkleben.

E Aus je drei lila- und fliederfarbenen Modulen nach der Anleitung für den flachen Aurelio-Stern auf Seite 4/5 zwei sechszackige Sterne fertigen. Die beiden Sterne versetzt aufeinanderkleben.

Goldene Sterne

verbreiten festlichen Glanz

MOTIVDURCHMESSER
ca. 18 cm bis 23 cm

MATERIAL

A STERN IN GOLD MATT
* 30 Blatt Strukturpapier in Gold, 15 cm x 15 cm

B STERN IN GOLD GLÄNZEND
* 30 Blatt Tonpapier in Gold, 15 cm x 15 cm

C STERN IN GOLD MATT MIT SECHS ZACKEN
* 12 Blatt Strukturpapier in Gold, 15 cm x 15 cm

D STERN MIT AUFGEKLEBTEN STERNEN
* 12 Blatt Tonpapier in Gold, 12 cm x 12 cm
* Strukturpapierrest in Gold

E STERN IN WEISS-GOLD
* je 6 Blatt Tonpapier in Gold und Weiß mit Sterndekor, 10 cm x 10 cm

F STERN IN GOLD MIT SILBERNEN STERNEN
* 12 Blatt Origamipapier in Gold, 7,5 cm x 7,5 cm
* 24 selbstklebende Sterne in Silber (ø 8 mm)

A B Die Sterne wie in der Anleitung für den Aurelio-Stern auf Seite 9-15 beschrieben fertigen. Dabei den Abschnitt „Module aus festerem Papier kleben" auf den Umschlagseiten berücksichtigen.

C D Für beide Sterne nach der Anleitung auf Seite 4/5 zwei sechszackige Sterne fertigen und die Zacken aufeinanderkleben. Dabei den Abschnitt „Module aus festerem Papier kleben" auf den Umschlagseiten berücksichtigen. Gegebenenfalls etwa 12 Sterne ausstanzen und aufkleben.

E Aus je drei weißen und goldenen Modulen nach der Anleitung für den flachen Aurelio-Stern auf Seite 4/5 zwei sechszackige Sterne fertigen. Die beiden Sterne mit den Zacken aufeinanderkleben. Dabei den Abschnitt „Module aus festerem Papier kleben" auf den Umschlagseiten berücksichtigen.

F Nach der Anleitung für den flachen Aurelio-Stern auf Seite 4/5 zwei sechszackige Sterne fertigen, die Zacken aufeinanderkleben und die Sterne aufkleben.

Sterne in Rot und Gelb

strahlen in der Nacht

MOTIVDURCHMESSER
ca. 7,5 cm bis 34 cm

MATERIAL

A STERN IN ORANGE
* 30 Blatt Batikpapier in Orange, 20 cm x 20 cm

B STERN IN ROT MIT ORANGEFARBENEN STERNEN
* 12 Blatt Origamipapier in Rot, 20 cm x 20 cm
* Batikpapierrest in Orange
* Motivlocher: Stern (ø 3,5 cm)

C STERN IN GELB
* 30 Blatt Strukturpapier in Gelb, 15 cm x 15 cm

D STERN IN ROT MIT FÜNF ZACKEN
* 10 Blatt Tonpapier in Rot mit Sterndekor, 15 cm x 15 cm

E STERN IN ROT MIT ZEHN ZACKEN
* 10 Blatt Tonpapier in Rot mit Sterndekor, 15 cm x 15 cm

F STERN IN ROT MIT SECHS ZACKEN
* 6 Blatt Strukturpapier in Rot, 10 cm x 10 cm

G MINI-STERN IN ROT MIT GOLDSTERNEN
* 8 Blatt Origamipapier in Rot, 5 cm x 5 cm
* 6 selbstklebende Sterne in Gold, ø 6 mm

H MINI-STERN IN ROT
* 8 Blatt Origamipapier in Rot, 5 cm x 5 cm

A C Die Sterne wie in der Anleitung für den Aurelio-Stern auf Seite 9-15 beschrieben fertigen. Dabei den Abschnitt „Module aus festerem Papier kleben" auf den Umschlagseiten berücksichtigen.

B Den Stern wie in der Anleitung für den kleinen Aurelio-Stern auf Seite 6-8 beschrieben fertigen. Die Schlitztaschen unbedingt zukleben. 24 Sterne ausstanzen und aufkleben.

D Zwei Sterne mit je fünf Modulen nach der Anleitung für den flachen Aurelio-Stern auf Seite 4/5 fertigen und die Zacken aufeinanderkleben. Dabei den Abschnitt „Module aus festerem Papier kleben" auf den Umschlagseiten berücksichtigen.

E Zwei Sterne mit je fünf Modulen nach der Anleitung für den flachen Aurelio-Stern auf Seite 4/5 fertigen und versetzt aufeinanderkleben. Dabei den Abschnitt „Module aus festerem Papier kleben" auf den Umschlagseiten berücksichtigen.

F Der Anleitung auf Seite 2/3 folgend aus je drei anstatt vier Modulen zwei Sterne fertigen und versetzt aufeinanderkleben. Den Abschnitt „Module aus festerem Papier kleben" auf den Umschlagseiten berücksichtigen.

G H Aus je vier Modulen nach der Anleitung für den einfachen Aurelio-Stern auf Seite 2/3 zwei Sterne fertigen. Die beiden Sterne versetzt aufeinanderkleben.

Hinweis: **Einfarbiges Origamipapier kann mit aufgeklebten Sternen ganz einfach veredelt werden.**

Blauer Sternenhimmel

winterlich-schön

MOTIVDURCHMESSER
ca. ø 13 cm bis 23 cm

MATERIAL

A STERN IN BLAU
* 30 Blatt Strukturpapier in Blau, 15 cm x 15 cm

B STERN IN GELB MIT BLAUEN RAUTEN
* je 10 Blatt Origamipapier in Gelb, 15 cm x 15, und in Blau, 8 cm x 8 cm

C STERN IN HELLBLAU-BLAU
* je 6 Blatt Strukturpapier in Hellblau und Blau, 12 cm x 12 cm

D STERN IN BLAU GESTREIFT
* je 6 Blatt Origamipapier in Blau und in Blau gestreift, 7,5 cm x 7,5 cm

E STERN IN BLAU MIT STERNEN
* 12 Blatt Origamipapier in Blau, 7,5 cm x 7,5 cm
* Origamipapierrest in Grau
* Motivlocher: Stern (ø 1,3 cm)

A Den Stern wie in der Anleitung für den Aurelio-Stern auf Seite 9-15 beschrieben fertigen. Dabei den Abschnitt „Module aus festerem Papier kleben" auf den Umschlagseiten berücksichtigen.

B Aus dem gelben Papier zwei Sterne mit je fünf Modulen nach der Anleitung für den flachen Aurelio-Stern auf Seite 4/5 fertigen. Die blauen Rauten aufkleben und die Sterne mit den Zacken aufeinanderkleben.

C D Für beide Sterne nach der Anleitung auf Seite 4/5 je zwei sechszackige Sterne fertigen. Dabei den Abschnitt „Module aus festerem Papier kleben" auf den Umschlagseiten berücksichtigen. Die Module farblich wechselnd zusammenfügen. Beide Sterne mit den Zacken aufeinanderkleben.

E Den Stern wie in der Anleitung für den kleinen Aurelio-Stern auf Seite 6-8 beschrieben fertigen. Die Sterne ausstanzen und aufkleben.

Mein Tipp für Sie

Papiervarianten Aurelio-Sterne aus Batikpapier und Strukturpapier sind weitere, sehr schöne Varianten zu den Papieren mit Sternen- oder Silberdekor.

Armin Täubner lebt mit seiner Familie auf der Schwäbischen Alb und ist seit über 25 Jahren erfolgreich als ungemein vielseitiger Autor für den frechverlag tätig. Eigentlich ist er Lehrer für Englisch, Biologie und Bildende Kunst. Durch seine Frau, die unter ihrem Mädchennamen Inge Walz noch heute Bücher zu den verschiedensten Techniken im frechverlag veröffentlicht, kam der Allrounder zum Büchermachen. Zweifelsohne ein Glücksfall für die kreative Welt! Es gibt fast kein Material, das Armin Täubners Fantasie nicht beflügelt, und kaum eine Technik, die er sich nicht innerhalb kürzester Zeit angeeignet hat. Sein liebstes Material ist und bleibt aber Papier.

DANKE!

Der Autor dankt den Firmen Ludwig Bähr, Kassel, nice papers, Berlin, und Marpa Jansen, Mönchengladbach, für die freundliche Bereitstellung von Material.

Neu gestaltete Auflage von TOPP 3708

TOPP – Unsere Servicegarantie

WIR SIND FÜR SIE DA! Bei Fragen zu unserem umfangreichen Programm oder Anregungen freuen wir uns über Ihren Anruf oder Ihre Post. Loben Sie uns, aber scheuen Sie sich auch nicht, Ihre Kritik mitzuteilen – sie hilft uns, ständig besser zu werden.

Bei Fragen zu einzelnen Materialien oder Techniken wenden Sie sich bitte an unseren Kreativservice, Frau Erika Noll.

mail@kreativ-service.info
Telefon 0 50 52 / 91 18 58

Das Produktmanagement erreichen Sie unter:

pm@frechverlag.de
oder:
frechverlag
Produktmanagement
Turbinenstraße 7
70499 Stuttgart
Telefon 07 11 / 8 30 86 68

LERNEN SIE UNS BESSER KENNEN! Fragen Sie Ihren Hobbyfach- oder Buchhändler nach unserem kostenlosen Kreativmagazin **Meine kreative Welt**. Darin entdecken Sie vierteljährlich die neuesten Kreativtrends und interessantesten Buchneuheiten.

Oder besuchen Sie uns im Internet! Unter **www.frechverlag.de** können Sie sich über unser umfangreiches Buchprogramm informieren, unsere Autoren kennenlernen sowie aktuelle Highlights und neue Kreativtechniken entdecken, kurz – die ganze Welt der Kreativität.

Kreativ immer up to date sind Sie mit unserem monatlichen **Newsletter** mit den aktuellsten News aus dem frechverlag, Gratis-Bastelanleitungen und attraktiven Gewinnspielen.

IMPRESSUM

FOTOS: frechverlag GmbH, 70499 Stuttgart; Fotostudio Ullrich & Co., Renningen; Armin Täubner (alle Arbeitsschrittfotos und Seite 32)

PRODUKTMANAGEMENT UND LEKTORAT: Tina Becker und Claudia Mack

LAYOUT: Marta Abramczyk

DRUCK: frechdruck GmbH, 70499 Stuttgart

SPRECHER AUF DVD: Henrik van Ypsilon

FILMPRODUKTION: team.Werk. Die Filmproduktion GmbH, Stuttgart

Auflage: 5. 4. 3. 2.
Jahr: 2013 2012 2011 2010 2009 [Letzte Zahlen maßgebend]

ISBN 978-3-7724-3790-8 • Best.-Nr. 3790